风行客厅

3000例

浓情欧式

吕丹娜　迟家琦　郭媛媛　主编

辽宁科学技术出版社
·沈阳·

《风行客厅3000例——浓情欧式》编委会

主　　编：吕丹娜　迟家琦　郭媛媛
副 主 编：曹　水　闫　忠
编　　委：滕士君　葛　秋

图书在版编目（CIP）数据

风行客厅3000例.浓情欧式/吕丹娜,迟家琦,郭媛媛主编.
——沈阳:辽宁科学技术出版社,2015.7
ISBN 978-7-5381-9240-7

Ⅰ.①风… Ⅱ.①吕… ②迟… ③郭… Ⅲ.①客厅—
室内装饰设计—图集 Ⅳ.① TU241-64

中国版本图书馆 CIP 数据核字（2015）第 101293 号

出版发行：辽宁科学技术出版社
　　　　　（地址：沈阳市和平区十一纬路29号 邮编：110003）
印 刷 者：辽宁彩色图文印刷有限公司
经 销 者：各地新华书店
幅面尺寸：215mm×285mm
印　　张：7
字　　数：200 千字
出版时间：2015 年 7 月第 1 版
印刷时间：2015 年 7 月第 1 次印刷
责任编辑：于　倩
封面设计：张馨宇　李博文
版式设计：融汇印务
责任校对：栗　勇

书　　号：ISBN 978-7-5381-9240-7
定　　价：34.80 元

联系电话：024-23284356
邮购热线：024-23284502
E-mail:40747947@qq.com
http://www.lnkj.com.cn

目 录

Contents | 浓 | 情 | 欧 | 式 |

设计/品川设计 周华美

浓情欧式风格
NONGQING OUSHI FENGGE

 ## 浓情欧式风格的特点

　　欧式风格客厅强调以华丽的装饰、浓烈的色彩、精美的造型达到雍容华贵的装饰效果。欧式客厅顶部喜用大型灯池，并用华丽的枝形吊灯营造气氛。门窗上半部多做成圆弧形，并用带有花纹的石膏线勾边。客厅入口处多竖起两根豪华的罗马柱，墙壁上则有真正的壁炉或假的壁炉造型。墙面采用壁纸，或选用优质乳胶漆，以烘托豪华效果。地面材料以石材、地板和地砖为佳。欧式客厅配以欧式家具和软装配饰来营造整体空间效果。深色的橡木或枫木家具，色彩鲜艳的布艺沙发，都是欧式客厅里的主角。在色彩的搭配方面，欧式客厅分为淡雅的浅色调和华丽的深色调。浅色调可以给人以纯洁、高雅、精神舒缓的享受感，而华丽的色调则可以营造出富丽堂皇、辉煌大气的氛围，使人能够感觉到雍容华贵的美感。还有浪漫的罗马帘、精美的油画、制作精良的雕塑工艺品，都是欧式风格客厅不可缺少的元素。

设计/易俗

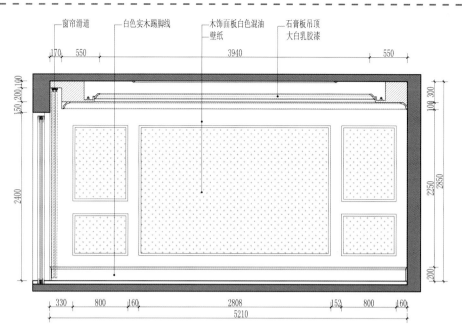

窗帘滑道　白色实木踢脚线　木饰面板白色混油　石膏板吊顶
壁纸　大白乳胶漆

170　550　3940　550

施工要点

　　沙发背景墙采用了木饰面板白色混油和壁纸结合的方式。木饰面板采用了两层跌级的造型方式。木饰板如果有接缝，需要进行掩饰处理，可用原子灰进行补缝，再用砂纸进行打磨。框线喷漆达到验收后再进行壁纸的铺贴。

设计 /CC 设计事务所

设计 / 广州道胜

设计 / 品川设计

设计 / 谢小龙

设计 / 秋子

设计 / 王志智

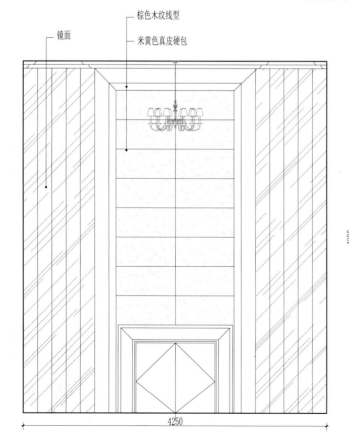

镜面
棕色木纹线型
米黄色真皮硬包

4700
4800
4250

施工要点

　　电视背景墙在施工时应该注意，磨边银镜安装应该以由下向上、由左及右的方式进行安装。镜面磨边的方式一般有两种：一种是磨直边，还有一种磨斜边。本方案采取了磨直边的方式。装饰性壁炉要用足够长的膨胀螺栓与硬包后面的实体墙进行连接，这样比较牢固。

设计 / 北轩装饰

设计 / 陈士达

设计 / 陈士达

设计 / 周扬

设计 / 桂文彬

设计 / 张锐霖

设计 / 王飞

设计 / 创意设计

设计 / 张桥

设计 / 李凯

设计 / 刘东

设计 / 品川设计

设计 / 品辰设计

设计 / 品辰设计

设计／品川设计 周华美

浓情欧式风格的优势

欧式风格传到中国后，由于其设计造价过高，以及设计过于烦琐一直不被广大民众所接受。近年来，由于人们生活节奏加快，精神压力过大，欧式风格对精神上的陶冶功效因而备受推崇。随着市场的需要，出现了删繁就简，即保留欧式风格精髓与有益方面，而去掉其中烦琐的设计构图以及贵重的装饰，力求节省金钱并能够陶冶人们情操，丰富居室人文因素的简欧风格客厅设计。该理念着力服务于广大人民群众。

欧式风格客厅主要以华丽的色彩、精美的造型以及豪华的装饰作为客厅装饰艺术设计的最主要特征。并以此营造出一种富丽堂皇的气象，给人以高贵、不可亵渎的感觉。设计风格也偏重于富贵气质。欧式客厅装饰趋于豪华，同时更加注重对线条的设计、物品的装饰和气氛的渲染，使得欧洲风格的客厅设计不会给人以俗气的感觉。

设计／北轩装饰

设计／迟家琦

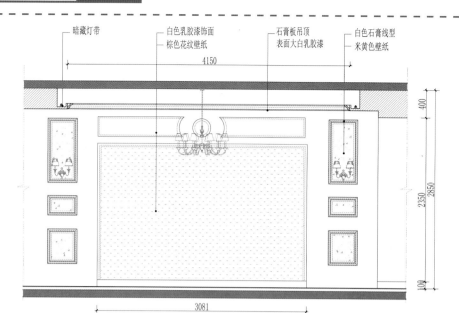

暗藏灯带 白色乳胶漆饰面 石膏板吊顶 白色石膏线型
棕色花纹壁纸 表面大白乳胶漆 米黄色壁纸

4150

400

2350

2850

100

3081

施工要点

背景墙中安装壁灯进行装饰，施工中应该注意灯具安装应该在最后一步进行。灯具打孔操作过程中注意不要打到电线的位置，打孔时可以用低黏度胶带粘贴塑料带的方式接住打孔所产生的沙石碎末。最好能在贴壁纸前进行灯具打孔，然后再粘贴壁纸，最后安装壁灯。

设计/郭从明

设计/周小亮

设计/范义峰

设计 / 周小亮

设计 / 李杭

设计 / 杨小林

设计 / 李杭

设计 / 胡文波

设计 / 房伟

设计 / 桂文彬

设计 / 桂文彬

设计/桂文彬

设计/邹云

设计/陈士达

设计/胡文波

设计/唐宏敏

设计/黄寅

 ## 什么人群和户型适合浓情
欧式风格客厅设计？

　　欧式风格融入了现代的生活元素。欧式的客厅有的不只是豪华大气，更多的是惬意和浪漫。通过完美的、精益求精的细节处理，带给家人不尽的舒服触感，实际上和谐是欧式风格的最高境界。同时，欧式装饰风格最适用于大面积房子，空间太小，无法展现其风格气势。在设计上追求空间变化的连续性和形体变化的层次感，豪华富丽、动大于静是欧式风格特有的两大特点，所以是追求时尚豪华与爱动的业主首选的装修风格。欧式风格需要大空间来体现它的高贵、奢华、大气感觉。而在一般住宅也可采用简欧风格，一般追求欧式风格的浪漫、优雅气质和生活的品质感。

　　欧式风格在硬装方面造价相对较高，包括后期的沙发灯具挂画等软装饰，比较适合有一定经济积蓄和对生活有更高要求的中年人群。

设计/北轩装饰

施工要点

　　装饰性的石材壁炉一般有150~400kg，最好用挂件将墙面与侧板连接在一起。也可以侧板面和墙壁用石材专用胶粘在一起，但这时墙面必须是原混凝土墙面。轻体墙上壁炉最好用长度超过5cm的螺栓将壁炉与墙体连接。预制板的墙体或者空心砖墙体，里面一定要用预埋件如木方条，将空处填好固定后，再用螺栓固定壁炉。

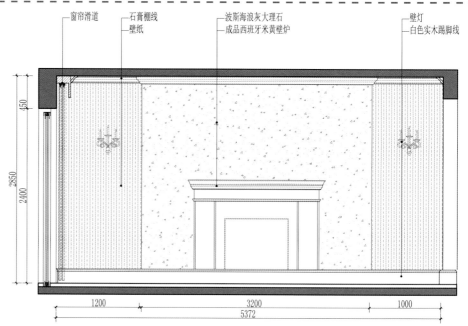

窗帘滑道
石膏棚线
壁纸
波斯海浪灰大理石
成品西班牙米黄壁炉
壁灯
白色实木踢脚线

450
2400
2850

1200　　　3200　　　1000
5372

设计 / 宋辉

设计 / 公方宇

设计 / 大连金世纪装饰 刘兆娣

设计 / 大连金世纪装饰 王禹

设计 / 大连金世纪装饰 王志蓝

设计 / 大连金世纪装饰 张朝亮

设计 / 贾峰云

设计 / 贾峰云

设计/贾峰云

设计/姜鑫

设计/解苏霆

浓情欧式风格客厅的设计手法及装修要点

NONGQING OUSHI FENGGE KETING DE SHEJI
SHOUFA JI ZHUANGXIU YAODIAN

 ## 欧式风格客厅天花的设计、施工要点

欧式风格客厅凭借其大气、尊贵，品位高雅的特点深受业主们喜爱。欧式风格客厅天花喜用大型灯池，灯池边缘多用带花纹的石膏线压边，用华丽的枝形吊灯营造气氛，别墅中的客厅一、二层共用一个顶面，其吊灯更大更华丽，在墙面和天花的交接线多用阴角线点缀，古典欧式多用木质角线，而简欧则采用石膏角线。除了采用石膏工艺装饰，有时欧式客厅还饰以珠光宝气的讽寓油画。同时欧式吊灯也是一大亮点。

在普通的直线平面吊顶的边缘增加8cm左右的欧式线条做装饰，这种吊顶设计在"现代简欧"风格的设计中尤为常见。简欧的装修设计，主材线条和造型设计多以简单线条为主，因此吊顶不宜过于复杂。

华丽的欧式客厅装修。这种欧式风格的吊顶，一般来说我们需要分两到三层来设计。用吊顶的层次感来和华丽的欧式家具或者造型相呼应。通常在平面直线吊顶之后的顶面我们会做简单的造型，比如用双层石膏板勾缝，配合反光灯槽来使客厅的层高有延伸感。或者在顶面制作石膏板饰花，可以使造型更加华丽。利用石膏线条在顶面勾勒出对应的造型，也是非常适合浓郁欧式装修风格设计的。

任何吊顶的设计除了考虑和风格的搭配以外，一定要注意结合自己房屋的层高来看。吊顶是为了更好地陪衬我们的设计造型和软装搭配，切忌喧宾夺主。

设计 / 老鬼

设计 / 张楗波

施工要点

　　木饰面板喷白色混油在施工中应注意最好是先用清漆进行封底，每个边角都不要漏掉了，这样的话外面的水不会渗到里面去，里面的水也不会溢出来。另外木饰面所用的白漆钛白粉的含量不要太多，最好是用喷涂的方式进行，而且次数不要太多，次数越多白漆就越有可能会裂开。其实在对木饰面板施工的时候多注意一些，白漆开裂的情况基本就不会发生了。

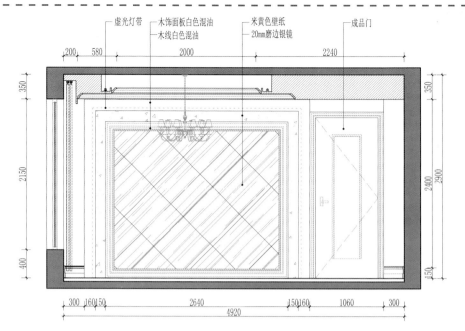

设计/范义峰

设计/特乐马

设计/张君

设计 / 梁昆

设计 / 刘亮

设计 / 刘亮

设计 / 刘亮

设计 / 沈力君

设计 / 登胜

设计 / 钟方甲

设计 / 顾维

设计 / 景尧

设计 / 李诗海

设计 / 廖易风

设计 / 品辰设计

 ## 石膏线和装饰油画为欧式
天花造型增添色彩

欧式客厅中石膏制品被广泛地应用。关于艺术石膏主要包括浮雕艺术、罗马柱、圆柱、方柱、麻花柱、灯座、花饰、石膏角线、线板、花角、灯圈等。

石膏花饰主要用于室内顶棚或墙面装饰。艺术装饰石膏制品在色彩上，可利用优质建筑石膏本身洁白高雅的色彩，造型上可洋为中用，古为今用，大可将石膏这一传统材料赋予新的装饰内涵。

浮雕艺术石膏灯圈作为一种良好的欧式吊顶装饰材料，与灯饰作为一个整体，表现出相互烘托、相得益彰的装饰气氛。客厅吊顶装饰的各种吊灯或吸顶灯，配以浮雕艺术石膏灯圈，使人进入一种高雅美妙的装饰意境。

浮雕艺术石膏线角、线板和花角具有表面光洁、颜色洁白高雅、花形和线条清晰、立体感强等特点，可直接用粘贴石膏腻子和螺钉进行固定安装。

现在的欧式客厅大多采用的是悬挂式吊顶，所以材料一定要选好，其次是施工一定要规范，比如连接要牢固，位置要安装正确等。如果客厅是安装的暗架吊顶，记得一定要设检修孔。检修孔可以选择在比较隐蔽和易于检修的地方，如果觉得检修孔影响美观，应对检修孔做一些艺术处理。同时欧式手绘装饰油画也是打造欧式天花造型的手法之一，欧式天花装饰油画手法多以写实为主，多为现实生活中的人物。

设计 / 艺墅设计

设计 / 北轩装饰 张海峰

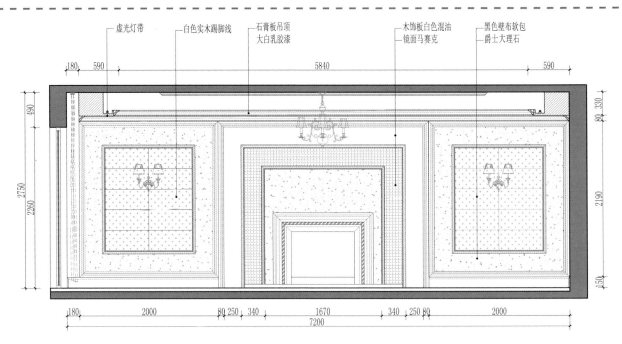

虚光灯带　白色实木踢脚线　石膏板吊顶　大白乳胶漆　木饰板白色混油　镜面马赛克　黑色壁布软包　爵士大理石

施工要点

　　镜面马赛克一般产品厚度为 5mm，颗粒尺寸在 23mm×23mm 以上，斜边宽度范围为 5~50mm。施工可以采用无缝拼贴，亦可有缝拼贴，颜色与形状可随意搭配。在灯光照射下有立体的效果，衬托得流光溢彩，马赛克可以成像扩大空间。施工可以采用中性陶瓷胶或玻璃胶。

设计 / 品辰设计

设计 / 张旭龙

设计 / 张旭龙

设计 / 松江典想装饰

设计 / 汪桃

设计 / 王魂

设计 / 王魂

设计 / 王魂

设计 / 王俊二

设计 / 王俊二

设计 / 周周

设计 / 香港郑树苏

设计 / 大连金世纪装饰

设计 / 大连金世纪装饰

设计 / 大连金世纪装饰

设计 / 大连金世纪装饰

设计 / 唐宏敏

设计 / 奉泉装饰

设计 / 范义峰

 **欧式风格客厅地面的
设计、施工要点**

　　欧式客厅地面材料以大理石、地砖、实木地板为佳，且墙根处多铺贴波导线来拓展空间，在客厅中间铺贴波导线，波导线内的石材或地砖花色不同于外部的石材或地砖，以此来丰富地面色彩，或采用地面拼花以显示其华丽。欧式客厅石材地面拼花有以下几种图案：连续形状的花纹图案，交错形状的花纹图案，自然形状的花纹图案，发射式花纹图案。石材拼花施工中应注意以下几点：

　　（1）铺贴前应将石材拼花材料表面朝外竖着靠墙摆放，4个角做好保护，以防磕坏。

　　（2）铺贴时应用高黏结力的水泥或石材瓷砖黏结剂。

　　（3）石材拼花表面应无松散物、油污，表面结实，平整，清洁。

　　（4）石材拼花可与周边石材或者瓷砖同时铺贴，使拼花与瓷砖或其他地面材料在同一水平高度。

设计 / 赵广

设计 / 周周

施工要点

　　成品嵌入式壁柜在施工中应注意预留洞口,应方正垂直。壁柜的骨架应平整牢固,表面刨平。与墙体对应的基层板板面应进行防腐处理、基层板安装应牢固。饰面板的花纹、颜色应协调。

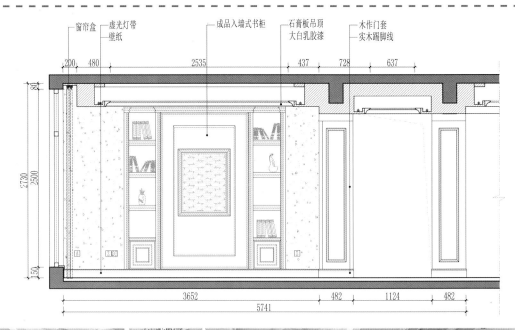

窗帘盒　虚光灯带　壁纸　成品入墙式书柜　石膏板吊顶　大白乳胶漆　木作门套　实木踢脚线

设计 / 迟家琦

设计 / 崔海波

设计 / 侯志新

设计 / 沈阳奉泉装饰

设计 / 代文强

设计 / 戴文强

设计 / 奉泉装饰

设计 / 奉泉装饰

设计 / 邯郸恩图 常晋安

设计 / 贾建新

设计 / 大连金世纪装饰

设计 / 金世纪装饰 丛启楠

设计 / 金世纪装饰 鲁倍宁

设计 / 金世纪装饰 王烈

设计 / 李楠

设计 / 李尚海

设计 / 温州苍南县博雅装饰（设计）有限公司

设计 / 朱涛

设计 / 创意空间装饰 宋富鑫

设计/范义峰

 ## 欧式风格客厅背景墙的
设计、施工要点

欧式风格背景墙的设计首先从尺寸开始入手，可以根据家中电视机的尺寸和整体客厅的空间尺寸来衡量背景墙的尺寸。同时，电视机的位置也与室内的陈设相关，因此要先确定好家中家具的摆放位置，再来确定背景墙的位置及大小。电视背景墙应与客厅整体的装修风格统一。做到整体风格的和谐。不同的装修风格在背景墙的材料选择上都有很大的差异，需要因地制宜。

欧式风格客厅电视背景墙多以石材外挂壁灯，过道做木质墙裙或腰线以烘托豪华效果，多采用胡桃木、樱桃木以及榉木等深色木材为墙裙原料体现其沉稳，简欧风格则采用白色油漆体现其亮丽，再装饰以西方神话为主挂画，装饰品也以西方神话形成多层次的结构。设计欧式电视墙的一些注意事项：

首先欧式风格电视墙常采用玻璃、石材、木材、壁纸、墙漆、石膏板、瓷砖、装饰搁架等等。不同的材质决定了电视墙造型的费用高低。通常来说，石材或者瓷砖造型用于欧式装修或者现代装修风格中，并会辅以玻璃的点缀。壁纸因其颜色和风格各异，不受装修风格的限制，同时费用比较低。在选用电视墙材质的时候，可以根据自己的家庭预算，合理搭配不同的材质，通常电视墙使用的材质种类不超过3种为宜。

注意电视背景墙的摆设饰品要同客厅其他区域的饰品风格、饰品密度相一致，不能过于显得臃肿。同时电视墙的色彩在设计中尤为关键。首先要从业主的角度考虑，比如职业、性格、受教育的程度或者自身对颜色的喜好等，同时要根据设计风格的区别，合理运用色彩来体现居住者的生活观念和生活情趣。

设计/付艳超

设计/鸿扬家装 王志坚

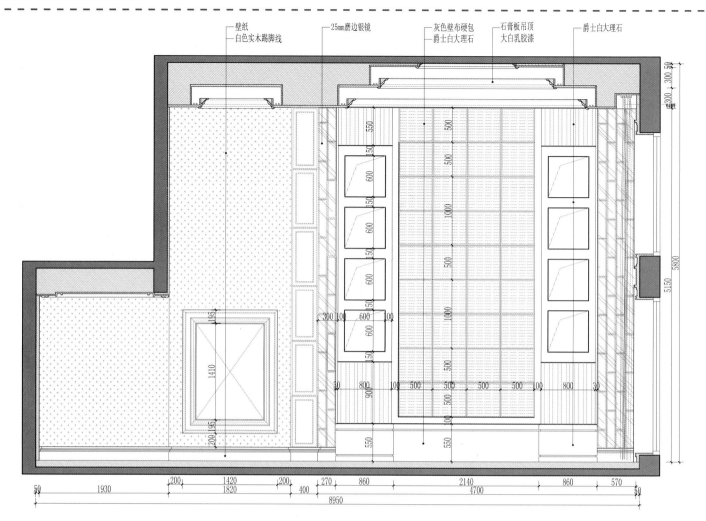

壁纸
白色实木踢脚线
25mm磨边银镜
灰色壁布硬包
爵士白大理石
石膏板吊顶
大白乳胶漆
爵士白大理石

施工要点

　　背景墙两侧采用了磨边银镜的装饰方式。镜子的安装方式主要有嵌钉固定、螺钉固定、黏结固定等方式。多块组合镜面一般由下而上、由左至右进行，也可以由中心线向两侧安装。有衬板时可以在衬板上，按每块镜面的位置弹线安装。

设计/长春华润

设计 / 风尚设计

设计 / 张楗波

设计 / 艺墅设计

设计 / 范义峰

设计 /WILLIS（威利斯）设计公司

设计 / 登胜设计

设计/厦门创家园设计装饰 林耀明

设计/厦门创家园设计装饰 林耀明

设计/黄林

设计/范义峰

设计/巫小伟

设计/刘明

设计/黄寅

打造时尚欧式风格电视背景墙常用的装饰材料

几乎所有的材料都可以运用在电视背景墙的设计中，当然材料的选择还是受室内风格和客户喜好的约束。不同的材料营造出的质感和氛围大不相同，可以根据实际情况合理搭配和选择。

石材具有天然的纹理和质感，是欧式风格客厅装饰中使用较多的材料，一般铺设在地面和窗台。石材用于电视背景墙装饰会有不一样的效果，光滑的石材适合大面积的铺贴，能使电视背景墙面显得大气稳重；也有很多客厅选用了粗糙的石材，如文化石、页岩、石灰质的石材等，粗糙质感的石材会显得质朴和天然，营造出贴近自然的生活气息。石材造价一般较高。

木质材料在欧式客厅电视背景墙设计中运用得较为广泛。木质材料运用在电视背景墙的设计中会显得很和谐，能与客厅其他木质材料搭配得当

壁纸是经常使用的电视背景墙装饰材料。壁纸品种繁多，色彩各异，能很容易地找到与欧式风格、色彩匹配的壁纸，能达到较好的装饰效果。

设计/许辉

布艺材料主要指的是壁布和软包等。装饰效果与壁纸类似，不同的是施工工艺。如果使用软包方式来装饰电视背景墙，要注意日后积灰和清洁整理的问题。

墙体彩绘是近几年开始流行的电视背景墙装饰方法。墙体彩绘主要选择的是丙烯颜料，这种颜料固色性好、耐腐蚀、不怕水，能长时间地保持鲜艳色泽且经济实惠。业主只需要选择自己喜欢的图案、场景，根据欧式客厅的风格和色彩进行加工修饰，再请墙画师按照比例放大绘制在电视背景墙上即可。

打造时尚欧式风格电视背景墙的装饰材料还有有马赛克、茶镜、装饰石膏线等

设计/杨飞

施工要点

小型的石膏花饰可以直接用白水泥浆粘贴。为防止粘不牢，造成开粘脱落，粘贴须待底层抹灰硬化后进行。花饰安装前应对所有待安装的花饰进行检查，对照设计图案进行预拼、编号。对花饰局部位置有崩烂的要视具体情况进行修补完整。如果是较重的大型花饰需要用螺丝固定法安装。

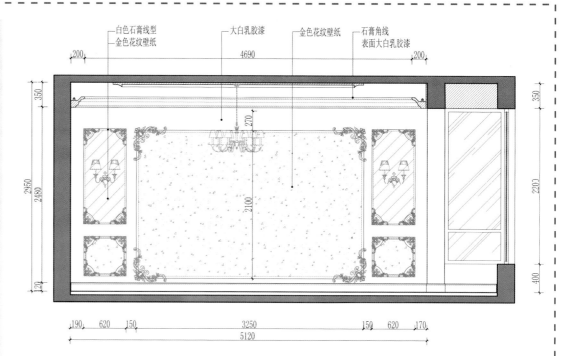

白色石膏线型　　　大白乳胶漆　　金色花纹壁纸　　石膏角线
金色花纹壁纸　　　　　　　　　　　　　　　　　表面大白乳胶漆

设计／李波

设计／李伟

设计 / 柯与陈

设计 / 昆山叙品装饰工程有限公司

设计 / 吴成玉

设计 / 胡文波

设计 / 胡文波

设计 / 齐闯

设计 / 齐闯

设计 / 任伟

设计 / 李楠

设计 / 刘闯

设计 / 刘希升

设计 / 刘希升

设计 / 沈阳方林姚佳林

设计 / 沈阳实创装饰

设计 / 厦门创家园设计装饰 林耀明

设计 / 厦门创家园设计装饰 林耀明

3 种装饰柱为欧式客厅增添魅力

罗马柱是欧式室内设计中最基本、最显著的标志性符号，它可以使空间产生强烈的欧式风格的美感。欧式客厅设计中选用罗马柱装饰元素可以增强客厅设计风格，使整体客厅具有更强烈的西方传统美感。罗马柱式具体表现形式主要有以下几种。

1. 多立克柱

特点是比较粗大雄壮，没有柱础，柱身有 20 条凹槽，柱头没有装饰，多立克柱又被称为男性柱。

2. 爱奥尼克柱式

这种柱式比较纤细轻巧并富有精致的雕刻，柱身较长，上细下粗，但无弧度，柱身的沟槽较深，并且是半圆形的。上面的柱头由装饰带及位于其上的两个相连的大圆形涡卷所组成，涡卷上有顶板直接楣梁。总之，它给人一种轻松活泼、自由秀丽的女人气质。

3. 科斯林柱式

四个侧面都有涡卷形装饰纹样，并围有两排叶饰，特别追求精细匀称，显得非常华丽纤巧。科斯林柱式的比例比爱奥尼克柱更为纤细，柱头是用毛茛叶作装饰，形似盛满花草的花篮。

设计 / 厦门创家园设计装饰 林耀明

设计 / 李尚海

施工要点

　　皮革硬包实木线框喷白油收边。在施工中应做好墙面基层，保证平整度，按施工图所示尺寸裁割板料，一般尺寸可适当缩小2~3mm。按施工图所示尺寸、位置试铺板料，调整好。按顺序拆下板料，并在背面标号。注意饰面尺寸每边比板宽50mm左右，将包好的板块按顺序钉上。最后粘贴上墙。

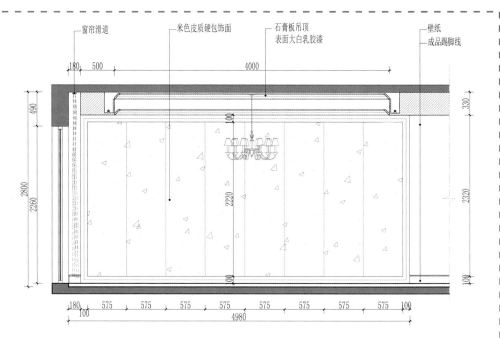

窗帘滑道　米色皮质硬包饰面　石膏板吊顶表面大白乳胶漆　壁纸　成品踢脚线

设计/迟家琦

设计/张兆阳

设计/周鹏

设计 / 邵权

设计 / 佘俊超

设计 / 孙传财

设计 / 唐星慧

设计 / 王颖彬

设计 / 伍继云

设计 / 伍继云

设计 / 张兆阳

设计 / 刘洋

设计 / 孟红光

设计 / 谢路遥

设计 / 张峰

设计 / 艺墅设计

设计 / 昝红焕

设计 / 赵广

设计 / 陈汉武

设计 / 尚道林

窗帘滑道　　　　白色石膏线型　　皮质硬包饰面　　　成品石膏线型
　　　　　　　　　　　　　　　　　　　　　　　　米黄色壁纸

200　480　　　　　　　4120　　　　　　　500　200

250

330

2800
2500

2320

100

800　　855　　890　　890　　855　　800

5500

施工要点

　　石膏角线安装的基层必须平整，装饰线不能随基层起伏。石膏线应与基层连接的水平线和定位线的位置距离一致，接缝应45°角拼接。当使用螺栓固定时，应用电钻打孔，螺钉钉头应沉入孔内，并做防锈处理。当使用胶黏剂固定时，应选用短时间固化的胶黏材料。

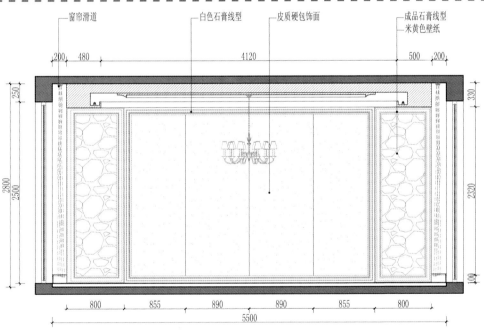

设计 / 创意设计

设计 / 陈汉武

设计 / 迟家琦

🍃 欧式风格门窗的造型特征

　　欧式建筑中的门、窗、柱等建筑构件具有独特的形式特点，这些造型作为典型的符号被充分地运用到欧式客厅设计中，使客厅环境带有欧式风格最显著的特色，使空间充满了结构赋予的形式美感。

　　欧式风格客厅门窗、门洞的上半部通常被做成圆拱形或尖肋拱形，这样的形式可以产生视觉上的延伸感，使空间显得更加高耸。门窗周边常配以木材或石材制作的宽大套线，门窗套线被雕刻成凹凸状的多层线条或具有浮雕感的复杂雕花，其表面会漆上白漆或保留木材、石材的原有色彩和纹理效果。这些用传统手法装饰的古典门窗，是欧式风格具有典型特征的重要装饰元素。

　　欧式客厅的门和各种柜门，通常具有凹凸感和优美的弧线，两种造型相映成趣，风情万种。欧式实木门充分运用几何图案的抽象形式，采用流畅的线条，烘托出浓厚的欧式氛围。欧式风格的实木门设计别出心裁，结合现代的美学理念，创造出一些别样的设计，浓浓的异国情调就此展现。

设计 / 管杰

设计 / 姜林

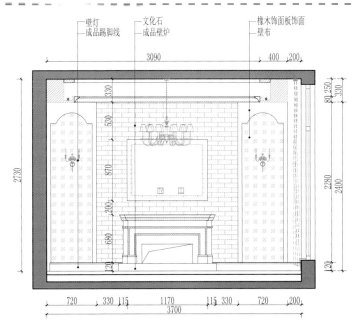

施工要点

　　考虑到整体效果，文化石在施工中请先在水平地上排列搭配好模型，感觉最佳效果后再按最佳效果铺贴，尽量不要将尺寸、形状、颜色相近的文化石集中在一起。每块石头之间的缝隙为 5 mm 左右。铺贴完用 1∶1 水泥砂浆勾缝，勾缝应密实、平滑。

设计 / 迟家琦

设计 / 鸿扬家装 王志坚

设计 / 李浩

设计 / 柯与陈

设计 / 萧氏

设计 / 钛马赫工作室　卢彦斌

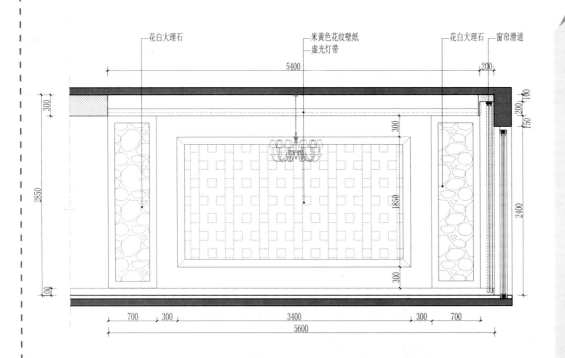

花白大理石　　　　　米黄色花纹壁纸　　　　　花白大理石　窗帘滑道
　　　　　　　　　　虚光灯带

施工要点

　　电视背景墙两侧树干图案的壁纸是纯纸壁纸。纯纸壁纸表层强度相对较差，故施工时接缝处需用压辊压合，避免刮板用力、反复刮擦。因水性油墨遇水分解，故请勿用湿布、海绵等擦拭，以免脱色。在施工时，保证边缘不受污染，避免接缝处产生黑线。如果接缝处有胶液析出，应用干毛巾轻抹或海绵轻拭，否则会使壁纸表面脱色。

设计 / 李浩

设计 / 刘东

设计 / 刘东

设计 / 王余锋

设计 / 张思文

设计 / 刘阔

设计 / 要强

设计 / 代文强

设计/代文强

设计/邓海金

设计/泛设计工作室

设计/富金山

设计/富金山

设计/金世纪装饰 张朝亮

设计/金世纪装饰 张朝亮

设计/金世纪装饰 张朝亮

设计/李中俊

设计/绳家友

浓情欧式风格家具特点及设计色彩搭配技巧

NONGQING OUSHI FENGGE JIAJU TEDIAN JI SHEJI
SECAI DAPEI JIQIAO

欧式风格家具特点

欧式风格客厅装修最大的特点是在造型上极其讲究，给人的感觉端庄典雅、高贵华丽，具有浓厚的文化气息。在家具选配上，一般采用宽大精美的家具，配以精致的雕刻，整体营造出一种华丽、高贵、温馨的感觉。通过家具完美的曲线、精益求精的细节处理，给业主带来不尽的舒服触感。不过欧式家具装饰风格比较适用于大面积客厅，若客厅太小，不但无法展现客厅的风格气势，反而对生活在客厅的人造成一种压迫感。当然，欧式家具还要具有一定的美学素养的业主才能善用，否则只会弄巧成拙。

设计/黎武

1. 欧式家具风格讲究装饰

不管是"古典"还是"新古典家具"，常可看到各式绣布、流苏及铆钉等装饰品。

2. 欧式家具风格线条复杂，重视雕工

"巴洛克式家具"都有复杂而精美的雕刻花纹；"洛可可式家具"虽然也很注重雕工，但线条较为柔和；而"新古典家具"的线条则更为明快一些，主要以嵌花来呈现质感。

3. 欧式家具风格偏好鲜艳色系

尤其是巴洛克式家具，色彩都很强烈，其中又以金色为其主色，多用镀金或以金箔来装饰，显得金碧辉煌；洛可可式家具的色彩以柔和的米黄色、白色的花纹图案为主；新古典家具色彩偏向暖色系的原木色。

设计/段文娟

设计 / 北轩装饰

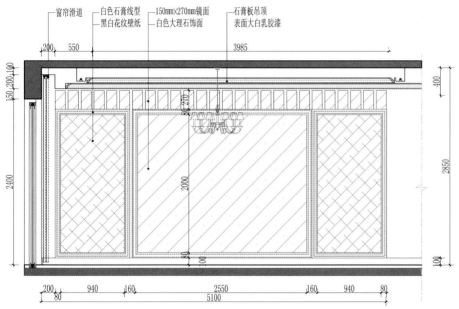

窗帘滑道　白色石膏线型　150mm×270mm镜面　石膏板吊顶
　　　　　黑白花纹壁纸　白色大理石饰面　表面大白乳胶漆

施工要点

　　电视背景墙在挂大理石的时候墙体内应嵌钢架，事先预留挂电视位置，墙面打孔打在钢架位置，这样才有承受力。电视安装一般有两种形式：一种是挂在钢架上，一种是利用铜丝挂在水泥墙上。

设计 / 马强

设计 / 潇枫

病例1（图7.90~图7.94）

一位8岁的小男孩，因牙齿不舒服来就诊。临床和X线片检查后，决定对左上第一乳磨牙行牙髓切断术。

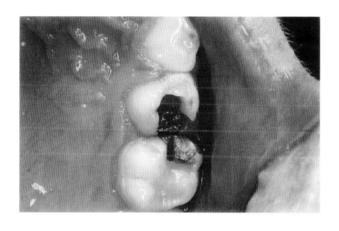

图7.90

在龋坏去尽后，用高速手机完全打开髓腔。

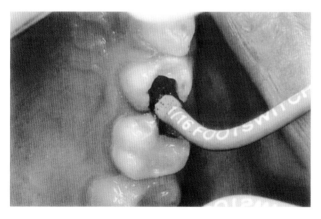

图7.91

用U形电极（114）和完全整流波形切除冠髓。所需要的操作就是近远中向移动电极3~4次来切除牙髓组织。

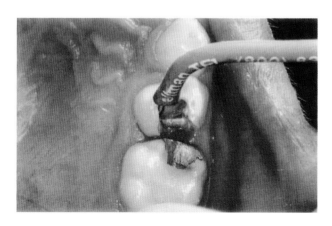

图7.92

由于完全整流波形的特性，冠髓去除的同时获得良好的止血。

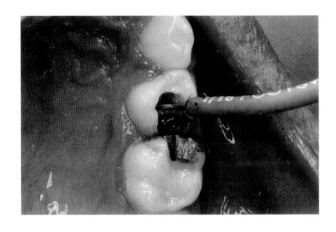

图7.93

部分整流波形和笔尖状电极（113F）用来彻底止血。

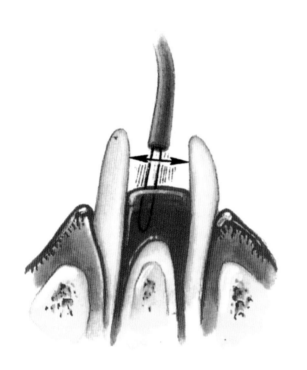

图7.94

U形电极颊舌向移动数次来切除冠髓。

病例2（图7.95~图7.98）

　　一位5岁的小男孩，左下后牙不适就诊。由于第一和第二乳磨牙明显的大范围龋坏露髓，行牙髓切断术后充填修复。

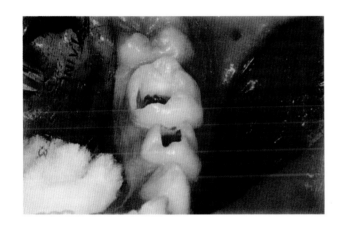

图7.95

乳磨牙的髓室用高速手机打开。

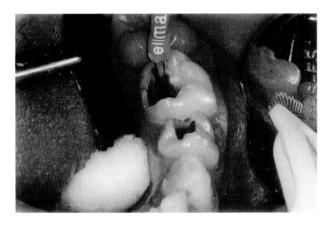

图7.96

U形电极（114）和完全整流波形用来切除牙髓组织。

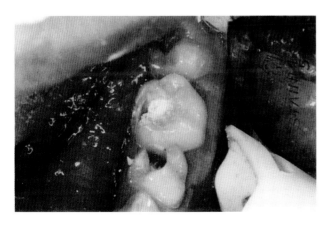

图7.97

髓室内用氧化锌丁香油垫底。

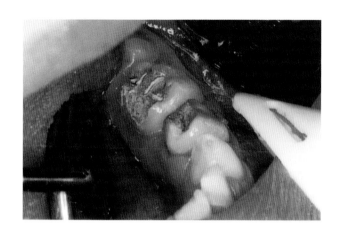

图7.98

用银汞合金修复。

病例3（图7.99 ~ 图7.102）

一位5岁的小女孩，右上乳中切牙牙折后被带到诊所就诊。临床检查显示牙齿近中切角折裂，牙髓暴露。X线片检查显示没有根折，遂决定行牙髓切断术。

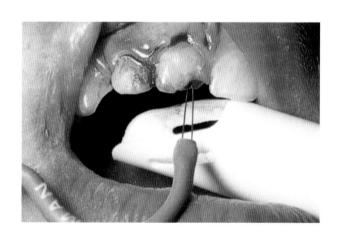

图7.99

用完全整流波形和U形电极（114）切除牙髓组织。

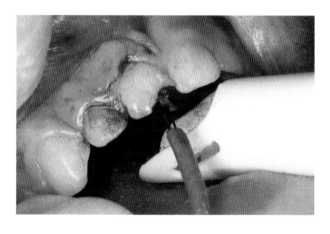

图7.100

折裂处远中的牙髓已被去除。

设计 / 营口宸麒装饰设计有限公司

设计 / 袁仁山 陈红艳

设计 / 曾德玮

设计 / 张洪宾

设计 / 陈浩

设计 / 向狄龙

设计 / 陈浩

设计 / 陈建雄

设计/尚道林

设计/尚道林

设计/王玮

设计/王玮

设计/王向华

设计/尹鑫

设计/真水无香

设计/邹锡林

 ## 浓情欧式客厅家具布置及选购技巧

　　单体家具通过搭配组合，形成了客厅的家具系统。不同的组合形式能够碰撞出不一样的火花，达到不同的效果。这些家具在满足基本使用功能的同时，也作为客厅中最重要的装饰元素，展示出客厅所具有的不同装饰风格。

　　欧式风格家具讲究手工精细的裁切雕刻，轮廓和转折部分由对称而富有节奏感的曲线或曲面构成，并装饰镀金铜饰，结构简练，线条流畅，色彩富丽，艺术感强，给人的整体感觉是华贵优雅，十分庄重。欧式家具在选购时应注意以下几点：

　　（1）看线条。欧式家具造型有很多曲线或者曲面，这是最考验家具厂家生产水平的部分。劣质的家具产品通常显得僵化，特别是表现古典的弧形、涡状装饰等细节，做工都很拙劣。

　　（2）看材质。欧式家具享誉全球的一个重要特征就是材质好，只有好的材料才能体现出质感和气魄。选购时要问清楚木材的质地，还可以从合页槽和打眼处仔细查看。原木含量越高的木材质量越好。

　　（3）看工艺。注意封边有没有不平整、翘起现象；看家具的门缝、抽屉缝的间隙，缝隙越大说明做工越粗糙，时间长了还会变形；看雕刻、镶嵌部分是不是光滑细腻。尤其注重木制部分的手工雕刻技艺和木工的衔接部位。

设计/唐星慧

设计/王鹏

设计 / 熊龙灯

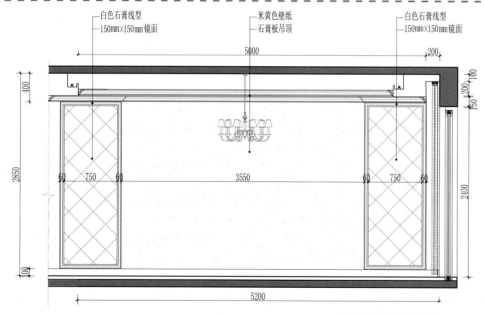

白色石膏线型 — 150mm×150mm镜面
米黄色壁纸 — 石膏板吊顶
白色石膏线型 — 150mm×150mm镜面

5000
200

400

2850

750   3550   750

2400

5200

施工要点

　　沙发背景墙采用了壁纸、镜面和石膏线收边多种材料的结合。多种材质结合应注意安装的顺序。在基层做好后应先进行乳胶漆的喷涂，然后安装镜子。在安装镜子时应对周围的石膏线进行保护，以免弄脏。最后铺贴壁纸时应注意与石膏线交接处应整齐，无锯齿。

设计 / 北轩装饰

设计 / 曾成毕

设计/郭建斌

设计/黄景福

设计/黄景福

设计/黄伟峰

设计/科宝博洛尼 刘岩

设计/李浩

设计/林文通

设计/刘青清

设计/刘少庆

设计/刘少庆

设计/罗海明

设计/任伟

设计/尚方 同创装饰工作室 余游

设计/绳家友

设计/黄寅

设计/王玮

设计 / 马强

 ## 布艺沙发和皮制沙发哪个更适合欧式客厅？

　　欧式客厅主要选择真皮沙发与布艺沙发两种材质，两种沙发各有各的特点，究竟哪种沙发更适合欧式客厅呢？作为客厅中最重要的休闲家具沙发的挑选，是人们在选购家具时最为关注的一点。布艺沙发的特点是简单时尚，价格低廉。而真皮沙发坐着舒适，但价格昂贵。两种沙发相比较各有各的优点。下面就为大家简单介绍一下。

　　布艺沙发时尚、大方，面料多种多样。丝质、绸缎面料的沙发高雅、华贵，给人以富丽堂皇的感觉；粗麻、灯心绒制作的沙发沉实、厚重，有种质朴的简约。

　　真皮沙发在造型和面料上，都显得豪华气派、沉稳庄重、气宇轩昂。真皮沙发分为全皮沙发和半皮沙发。半皮沙发在沙发背部、底部和其他一些隐蔽部位以 PU 革或人造革 PVC 代替牛皮。

　　皮质沙发和布艺沙发都具有各自的优势，也有各自的劣势，在选购的时候应该根据客厅的特点、装修风格、室内其他家具风格、沙发配件和个人爱好来选购。

设计 / 奉泉装饰

设计 / 鸿艺源

施工要点

金色镜面应固定在干燥平滑的基地上，为增强黏结牢固强度，必须清除表面的污物和浮尘。由于玻璃胶含有大量刺激和腐蚀成分，对玻璃的镀层产生严重腐蚀，应用胶带纸贴在镜子的背面然后再刷胶。粘贴是用打胶筒打胶点，胶点疏密要均匀。

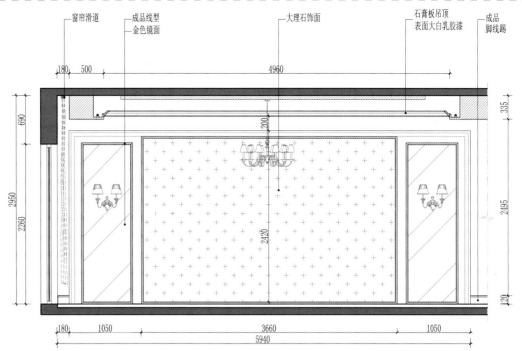

设计/迟家琦

设计/谢亮

设计/王鹏

设计/钛马赫工作室 卢彦斌

设计/钛马赫工作室 卢彦斌

设计/钛马赫工作室 卢彦斌

设计/钛马赫工作室 卢彦斌

设计/王峰

设计 / 郭建斌

设计 / 杨程

设计 / 鸿艺源

设计 / 鸿艺源

设计 / 姚辉

设计 / 王峰

如何巧用真假壁炉点缀欧式客厅？

单体家具通过搭配组合，形成了客厅的家具系统。欧洲地处北半球气候较为寒冷，壁炉是当地人传统的取暖设备，因此壁炉成为了欧洲文化的重要载体，成为欧式风格室内空间中最典型的部件。壁炉作为极具欧式特色和历史见证的元素符号，传递给人以温暖的感觉信号。它与普通采暖设备不同之处在于它的观赏性和由此营造出的自然、温暖、浪漫的气氛。在客厅中壁炉一直处于空间的核心位置，它不但给人们提供舒适的生活，更是一种视觉的享受。伴随着岁月的变迁，壁炉呈现出丰富多彩的形态。不同的壁炉可以呈现出不同的装饰样式。历史、文化、生活方式、宗教、地域文化，都会反映到壁炉上，为其的装饰带来新的灵感、来源和实践。不同的场所，比如城堡、乡村、教堂，壁炉都会散发出不同的气质。

在很多客厅里，壁炉远远超越了实用功能，而是成为了一种文化、品位、格调、身份的象征。文化的意味由此而生，壁炉已经浓缩成为一种情感符号，它关系着温暖和情感，是客厅的心灵庇护所。壁炉装饰与墙面的装饰应该结为一体，成为一个整体的界面。壁炉的装饰界面是整个客厅装饰的重心，是该空间装饰的重点体现部分。在很多欧式风格客厅内，会在客厅墙壁装上壁炉，对面摆放一组沙发，形成一个交流区域，在夜晚壁炉燃烧的温情让主人可以找到温馨的感觉。所以壁炉是西方文化的典型载体，选择欧式风格家装时，可以设计一个真的壁炉，也可以设计一个壁炉造型，辅以灯光，营造西方生活情调。

设计 / 黎武

设计 / 刘青清

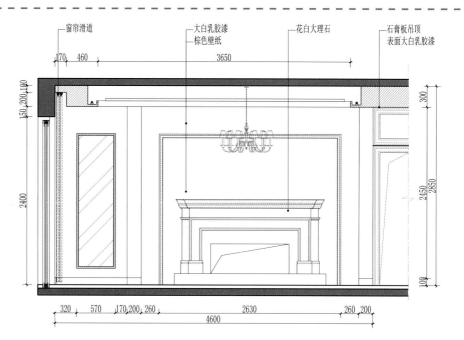

施工要点

　　背景墙采用了典型的欧式装饰风格。安装壁炉时，一定要注意地面是否平整。如果地面向外倾斜，时间长了，壁炉就会倒塌。如果地面外高而贴墙的地面低，壁炉向墙壁倾斜，倒塌的概率就小很多。此外，墙面刮腻子后，把壁炉胶粘在墙面，时间一长，腻子易老化起粉，壁炉也容易脱落。

设计/冯立龙 赵志超

设计/龚小刚

设计/黎武

设计/王子涵

设计/谢亮

设计/钟方甲

设计/鞠成巍

设计/柯与陈

设计/黎武

设计/黎武

设计/黎武

设计/闵工

设计/卜什

设计/赵国军

设计/陈毛豪

设计/吕永庆

设计/吴文进

设计/尹鑫

设计/尹鑫

设计 / 吴巍

 ## 欧式风格客厅以白、黄、金三色系为主

  欧式客厅在整体色彩上，通常以白色系或黄色系为基础，搭配深棕色、金色等颜色，衬托出欧式家具的高贵与优雅。欧式客厅家具的选择不仅要根据装修风格来选择适合的材质和线条造型，颜色的搭配更是一个关键。衡量一个客厅装修是否成功，色调是关键的元素之一。客厅家具的颜色要做到和装修的主色调一致，同时又能跳出主色调，在色彩上起到点缀的作用。比如装修色调以简洁的中性色为主，那么客厅家具比如沙发尽量以中性色为主，比如卡其、军绿、奶咖等等。颜色比主色调略浅或者略艳丽为宜。如果装修色调是以暖色调为主，比如黄色或者粉色系列。那么客厅家具的颜色可以考虑比较重的暖色调，通常棕色或者咖啡色系是比较百搭的。利用撞色考虑深紫或者深蓝色，也可以打造欧式客厅的突出效果。如果墙面色彩比较突出，客厅家具的颜色通常要比较低调，比如白色。如果墙面颜色比较低调，那么家具颜色就可以采用金属、黄色等突出的颜色，来衬托欧式的风格。

设计 / 应乐

设计 / 秋子

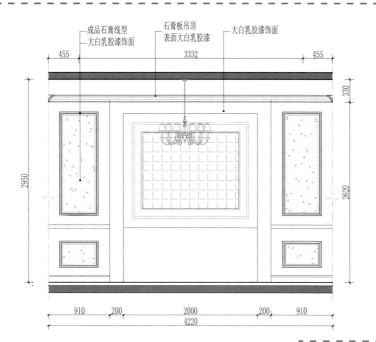

成品石膏线型
大白乳胶漆饰面

石膏板吊顶
表面大白乳胶漆

大白乳胶漆饰面

455 3332 455

330

2950

2620

910 200 2000 200 910
4220

施工要点

电视背景墙采用了不同色彩乳胶漆的喷涂。先进行石膏线的喷涂，等全部干透后，将分色纸粘贴报纸或塑料将石膏线遮挡住后再喷涂整面墙。分色纸一定要粘齐、粘严实。所以遮挡工作最好还是让油工去做。遮挡物揭除要注意用力不要太大，否则容易崩茬。

设计/曹洁

设计/张峰

成品石膏线型
大白乳胶漆饰面

石膏板吊顶
表面大白乳胶漆

大白乳胶漆饰面

设计/郑依浜

设计 / 萧氏

设计 / 萧氏

设计 / 王鹂

设计 / 李杭

设计 / 景尧

设计 / 铭筑

设计 / 张君

设计 / 张君

设计/姜林

设计/姜林

设计/付艳超

设计/金世纪装饰 戚纹光

设计/徐光鸣

设计/黎武

设计/李清涛

设计/李清涛

浓情欧式客厅的色系选择宜忌

　　客厅在家居中占有重要的位置，怎样设计布置都特别重要，因此色彩的选择是欧式客厅装修的重中之重。很多时候，合适的色彩，很大程度上会决定室内的基本风格和节奏。欧式客厅设计中，常用到白色、乳白色、金色、木色等颜色。而且这几种颜色不管看多久都不会给人带来厌烦感。它让人心境开阔，清新自然。当然，光使用这几种颜色没有其他颜色的搭配是绝对不行的，但是尺度要拿捏好了。生活中少了任何一种颜色都会显得单调，只是要主次分明而已。一面墙的出彩也能赢得整个客厅装修的好感。例如，在客厅里选择一面墙作为背景墙突出，刷上黄色的乳胶漆。以红色落地灯点缀，则让客厅色调更为饱和丰满。跳动的黄显眼又温暖。再以米色的双人沙发和黄色花纹的单人沙发搭配，让客厅的色彩一下子丰富起来。旁边长势茂盛的绿植给客厅增加了不少生机。

设计／尹鑫

　　欧式客厅禁忌大片绿色。虽然说绿色是富有生机的，但是客厅用大片的绿，坐时间久了会让人意志消沉；欧式客厅禁忌大片红色。虽然红色在中国象征着吉祥，但是它只适合少量搭配进行点缀，如果使用太多了会给让人感到内心沉闷，带来生活压力；客厅禁忌大片深蓝色。深蓝色本身属于一种冷色调，欧式风格客厅中大片使用蓝色，给人以压抑的感觉，让人产生消极情绪；欧式客厅禁忌大片深灰色。深灰色本身是压抑的，室内大片使用这种颜色，时间坐久了，会让人精神抑郁，情绪不稳定。

设计／魏晓帅

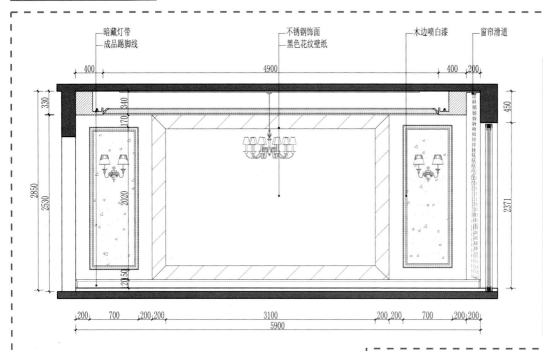

暗藏灯带
成品踢脚线

不锈钢饰面
黑色花纹壁纸

木边喷白漆

窗帘滑道

施工要点

沙发背景墙采用了壁纸、不锈钢饰面和实木框线结合的方式。施工中应该注意不同材质的拼接和高差问题。壁纸基层应该用板材做基层，调整到与不锈钢饰面同样的高度后再进行壁纸的铺贴。不锈钢装饰条可以按尺寸在工厂加工，注意边缘应进行打磨与抛光。

设计／大连金世纪装饰

设计／陈文伟

设计／沈力君

设计 / 代文强

设计 / 金世纪装饰 张朝亮

设计 / 李楠

设计 / 胡峰

设计 / 孟红光

设计 / 创意空间装饰 宋富鑫

设计 / 沙建磊

设计 / 沙建磊

设计 / 曾成毕

设计 / 莫少宝

设计 / 陈士达

设计 / 姜鑫

设计 / 姜鑫

设计 / 王子涵

设计 / 曲俊名

设计 / 秋子

设计 / 香港 郑树芬

 ## 利用壁纸色彩的奇妙创造力
营造客厅设计风格

很多消费者在进行客厅装修上，选择了高贵典雅的欧式风格，那么壁纸当然也应该选择欧式的风格，这样配合起来才能够凸显房间的典雅、华丽的气质。欧式墙纸对客厅整体风格的塑造有着非常大的影响。欧式壁纸经常以白色系或淡色系为基础，搭配墨绿色、深棕色、金色等，表现出古典欧式风格的华贵气质。

壁纸的颜色和图案直接影响客厅的空间气氛，也可以影响人的情绪，对人的情绪有激活作用，壁纸的颜色分为冷色和暖色，暖色以红黄、橘黄为主，冷色以蓝、绿、灰为主。壁纸的色调如果能与家具、窗帘、地毯、灯光相配衬，客厅环境则会显得和谐统一。如：暗色及明亮的颜色适用在较大的客厅，面积小或光线暗的客厅，宜选择图案较小的壁纸等。

长条状的花纹壁纸具有恒久性、古典性、现代性与传统性等各种特性，是最适合欧式客厅的壁纸。长条状的设计可以把颜色用最有效的方式散布在整个客厅墙面上，而且简单高雅，非常容易与其他图案相互搭配。这一类图纹的设计很多，长宽大小兼有，因此你必须选适合自己客厅尺寸的图案。稍宽型的长条花纹适合用在流畅的大客厅中，而较窄的图纹用在小客厅里比较妥当。

在壁纸展示厅中，鲜艳炫目的图案与花朵最抢眼，有些花朵图案逼真、色彩浓烈、远观真有呼之欲出的感觉。这种墙纸可以降低房间的拘束感，适合格局较为平淡无奇的房间。由于这种图案大多较为夸张，所以一般应搭配欧式古典家具。

设计 / 王魂

设计 / 王魂

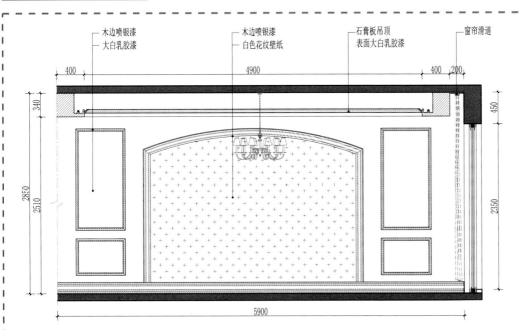

木边喷银漆
大白乳胶漆

木边喷银漆
白色花纹壁纸

石膏板吊顶
表面大白乳胶漆

窗帘滑道

400　　　4900　　　400　200

340　450

2850　2510　2350

400

5900

施工要点

　　欧式壁纸用实木框线喷银漆。喷银漆前如果实木框线比较粗糙可以用砂纸打磨一下。首先，色漆与稀料比例要适当，不要太厚也不宜过稀，厚了颗粒粗，稀了很难盖。盖底的时候第一遍要干喷，防止咬底，第二遍适当湿喷，三遍左右完全盖住底。在喷漆时要注意周围装饰的防护。

设计/大连金世纪装饰 康慨

设计/刘剑

设计 / 张万里

设计 / 张君

设计 / 徐昌伟

设计 / 邯郸恩图 常晋安

设计 / 梁昆

设计 / 王勇

设计 / 科宝博洛尼 刘岩

设计 / 沈阳奉泉装饰

设计 / 沈阳奉泉装饰

设计 / 谢亮

设计 / 科宝博洛尼 刘岩

设计 / 创意设计

设计 / 徐光鸣

设计 / 戚龙

浓情欧式风格客厅如何挑选软装配饰？

NONGQING OUSHI FENGGE KETING RUHE TIAOXUAN
RUANZHUANGPEISHI

 ## 窗帘的搭配技巧

欧式格风的客厅，一般比较宽敞，窗户高大，在窗帘上的预算就会相对偏高，窗帘应该选择更具质感，追求比较简洁的装饰形式。欧式窗帘色彩主要有暗红、金黄、米黄、深紫色、深棕色、深橄榄绿等。图案多包含"C""S"或涡形曲线和纹样。窗帘材质多用真丝、丝绒、提花织物等有尊贵感和厚重感的面料，常常是厚厚的丝织物与薄薄的纱帘相配，在细部上还会搭配蕾丝花边等。欧式风格的窗帘吸取了古典时期的精髓。以饱满、婉约的线条见长，其简扼有力的图案装饰，使整个客厅空间有层次感，富于变化。罗马帘是比较适合安装在欧式客厅的窗帘，它使用的面料较广，一般质地的面料都可做罗马帘。这种窗帘装饰效果很好，华丽、漂亮。 欧式客厅窗帘布料性能特征：

（1）轻、薄透明或半透明的布料，如棉、聚酯棉混纺布、玻璃纱、精细网织品、蕾丝和巴里纱等。

（2）中等厚度的不透光布料，如花式组织棉布、尼龙及其混纺布，稀松网眼布；丝绸面料，如擦光印花棉布、磨光棉布、仿古缎子、真丝和波纹绸等。

设计 / 孟红光

设计 / 淮安钟凯丽装饰锦绣工作室

石膏板吊顶
表面大白乳胶漆

花白大理石

大白乳胶漆
棕色壁纸

窗帘滑道

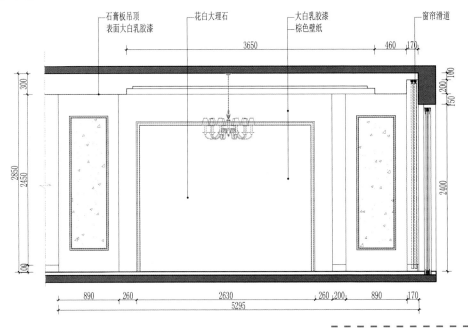

施工要点

沙发背景墙大面积应用木饰面板与实木线结合喷混油的做法。在施工中应该注意实木线在用胶粘贴的同时应该用蚊钉进行固定，蚊钉与普通的排钉相近，但是更为细小，且没有钉头。这种方法可以防止长时间胶失效导致开裂。

设计/冯立龙 赵志超

设计/张洪宾

设计 / 付艳超

设计 / 郝建

设计 / 管杰

设计 / 张洪宾

设计 / 谢亮

设计 / 石家庄尚·品设计工作室

设计 / 梁昆

设计 / 陈永浪

设计 / 贾建新

设计 / 李尚海

设计 / 李浩

设计 / 李尚海

设计 / 郑海丰

设计 / 刘少庆

设计 / 夏燕

设计 / 潘自立

设计/WILLIS（威利斯）设计公司

 ## 装饰品的合理搭配为
空间提升魅力值

欧式风格客厅在选择装饰品时，要选择符合硬装和家具主基调的饰品，所选饰品从简单到繁杂、从整体到局部，都要给人一丝不苟的印象。我们可以选择动物皮毛、实木、古罗马卷草纹样的饰品，这样可以将浪漫的古典情怀与现代人的精神需求相完美结合。欧式风格的装饰画一般为抽象以暖色为主，金、银、白、是这些画框的主要色调，这些与室内装饰的基本色调相呼应。由于家具以白色和米色系为主，靠垫选择深咖是最好的搭配，靠垫上的装饰花纹与空间饰品呼应很重要。油画、镜面、雕塑、插花等在欧式风格的空间中无处不在，体现出陈设对客厅环境装饰的重要作用，映衬出客厅的艺术品位和审美情趣。油画与镜面通常配以宽大厚重的画框，画框表面雕花、描金、线条烦琐、装饰华丽。雕塑和钟表等或落地或放置台上，大小不一、形态各异、色彩丰富、题材多样。以对称、均衡样式出现的欧式插花，色彩艳丽浓厚，构图简洁大方，注重花材。其他一些常用的饰品还有牛角摆件、水晶玻璃的糖果罐、金属动物、水晶灯台、烟灰缸等。

设计/梁青山

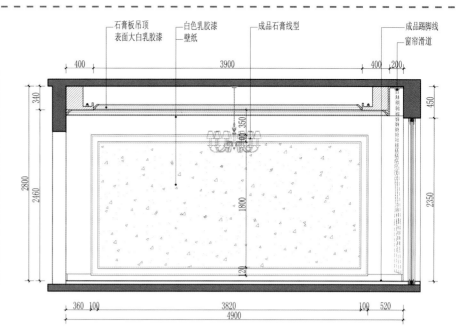

石膏板吊顶
表面大白乳胶漆
白色乳胶漆
壁纸
成品石膏线型
成品踢脚线
窗帘滑道

施工要点

　　带有图案的壁纸在施工中应该注意，对花墙纸根据单元图案尺寸及对花损耗量来确定一卷墙纸可以剪成几幅。对花壁纸在裁剪后一幅时，应与前一幅的图案对齐。墙纸长度一定要比墙面上下多预留 3cm 以备修边之用。

设计 / 公园道一号

设计 / 庄子轩

设计 / 周孝瑞

设计/黎武

设计/万显波

设计/赵国军

设计/高求

设计/石炎森

设计 / 肖建平

设计 / 玄风

设计 / 李尚海

设计 / 祝建深

设计 / 石炎森

设计/刘亮

设计/石炎淼

什么题材的装饰画适合
欧式风格客厅？

客厅是我们日常交流沟通的场所，在一个家庭中占据重要的地位，客厅装饰体现了主人的审美情趣和品位。在欧式风格的客厅里，最好能在墙上挂金属框抽象画或摄影作品，也可以选择一些西方艺术家名作的人体画，直接把西方艺术带到家里，以营造浓郁的艺术氛围，表现主人的文化涵养。

1. 客厅的大小直接影响装饰画尺寸的大小

大客厅可选择尺寸大的装饰画，从而营造一种宽阔、开放的视野环境。小客厅的装饰画，可以选择多挂几幅尺寸小的装饰画作为客厅的点缀。

2. 客厅的装饰风格是影响客厅装饰画的重要因素

偏欧式风格的房间适合搭配油画作品，别墅等高档住宅可以考虑选择一些肖像油画。简欧客厅可以选择一些印象派油画，装饰画一般在与电视墙相对的墙上，即背靠沙发的墙上，一般装饰1~3幅装饰画。由于沙发是客厅的主角，在选择客厅装饰画时常常以沙发为中心。中性色和浅色沙发适合搭配暖色调的装饰画。红色等颜色比较鲜亮的沙发适合配以中性基调或相同相近色系的装饰画。

欧式风格装修的客厅应选用线条烦琐，看上去比较厚重的画框才能与之匹配。而且并不排斥描金、雕花甚至看起来较为隆重的样式。

设计/李尚海

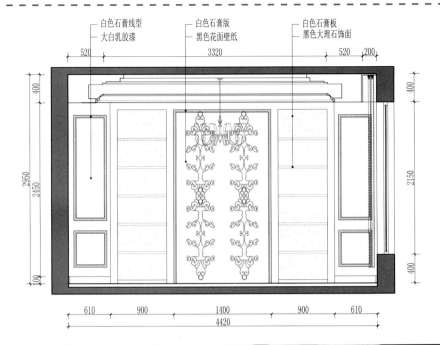

白色石膏线型 — 大白乳胶漆
白色石膏版 — 黑色花面壁纸
白色石膏板 — 黑色大理石饰面

施工要点

　　大理石壁柜应先进行预埋件安装，统一放线后进行金属架安装，然后进行石材饰面板安装，安装时注意要在饰面板切槽口注入石材胶，以保证饰面板与挂件的可靠连接。石材的接缝处要进行嵌缝封胶，在胶缝两侧粘贴纸面胶带纸保护，以避免嵌缝胶污染石材表面质量。

设计/廖易风

设计/万显波

设计/高仲元

设计 / 姜林

设计 / 姜林

设计 / 艺墅

设计 / 艺墅

设计 / 罗海明

设计 / 马晓熠

设计 / 郭天智

设计 / 姜林

设计 / 金戈

设计 / 张喆赫

设计 / 真水无香

设计 / 胡强 郝亚筱

设计 / 廖易风

设计 / 田浩

设计 / 李楠

设计 / 刘闯

设计 / 真水无香

地毯的选择与应用

地毯承担着欧式风格客厅中地面的软化和装饰角色。欧式地毯为纯羊毛编制，质地高贵、图案典雅、色彩缤纷舒适，与高档的室内家具相互映衬、相得益彰。舒适脚感和典雅而独特的质地与欧式家具搭配相得益彰。一块柔细的地毯，能让整个居室客厅暖意流淌。厚厚的地毯可以让人在冬日里赤足席地而坐。客厅沙发前的小毯，恰到好处地点缀着家居。地毯在欧式客厅中呈现了一种不可或缺的姿态。

目前，地毯在材质上的选择非常多，包括羊毛地毯、真丝地毯、混纺地毯、皮毛地毯、碎布地毯等。羊毛地毯具有良好的保温性、抗污性、色泽恒久，吸音能力强；真丝地毯光泽度很高，在不同的光线下会形成不同的视觉效果；混纺地毯在图案花色、质地和手感等方面，与纯毛地毯相差无几；以假乱真的人造皮毛地毯，具备了羊毛毯的柔软触感，带来无法比拟的暖意的同时，还能营造富丽奢华的氛围；

地毯以柔和的色彩、强烈的质感以及丰富的图案，带来一种宁静、舒适的生活感受。不同图案的地毯会让客厅呈现出不同的风格，往往能够成为客厅里的视觉中心。如果希望有视觉冲击效果，可以选择色彩艳丽强烈对比色系的地毯；面积较小的客厅，宜采用浅色或米色且图案简单的地毯，可使空间格局感觉变大；冬季可使用暖色调或深色系大块面积的地毯，会使室内感觉较为温馨。

设计 / 真水无香

设计 / 江香宜

施工要点

护墙板为订制产品，需要根据墙面的尺寸订制护墙板。将护墙板从左到右插入踢脚线内，起始块应从墙角开凹槽向墙角。在距护墙板上口 1.5cm 处安上膨胀螺钉或钢钉，注意螺钉不能露出护墙板面。施工中遇到电源开关等时，可用凿子凿出略小于开关的洞，遇到柱子时可用阳角。在腰线凹槽内涂上专用胶，数分钟后插到凹凸面，在墙角处必须 45° 对角。

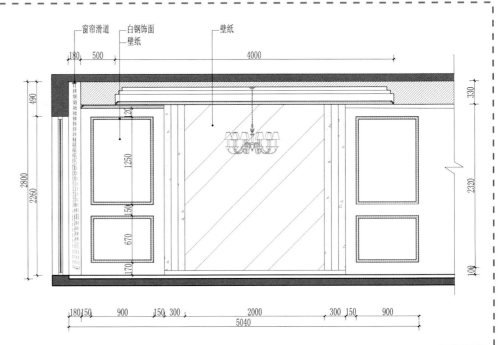

设计/廖易风

设计/袁野

设计/吴剑辉

设计/秋子

设计/奉泉装饰

设计/沈阳方林 张雪松

设计/沈阳方林 张雪松

设计/创意空间装饰 宋富鑫

设计/鸿艺源

设计/鸿艺源

设计/唐宏敏

设计 / 陈伟峰

设计 / 周强

设计 / 高宁

设计 / 中海

设计 / 范义峰

设计 / 华诚博远

设计 / 贾峰云

设计 / 刘峰

设计 / 刘伟

植物与鲜花的选择与摆放

　　客厅绿化装饰就是按照客厅内环境的特点进行配置，需要配合客厅环境进行设计、装饰和布置，使绿化与客厅融为一体，体现动与静的结合，达到人、客厅环境与绿化的和谐统一。如果客厅的建筑结构呈现线条刻板、呆滞的形体，那么在客厅中放些花朵来点缀，会显得灵动。植物在室内的作用除了可以调节小气候，减少二氧化碳，增加氧气，还可以吸毒、吸尘、吸收放射性物质和电离辐射，以及净化空气、抑制噪声等。那么选择适合欧式客厅的植物有什么技巧呢？

　　欧式豪华客厅，从人们审美观点来看，客厅里以摆放观叶花卉为好。例如茶几上摆放一盆苏铁（铁树）。这种植物枝叶浓绿，带有光泽，挺拔伟岸，给人一种古朴典雅之感。沙发的一侧，配上一盆龟背竹，那会使客厅增添生机。

　　简欧风格客厅，可以在茶几上摆放一盆比较名贵的君子兰花卉。君子兰叶色浓绿宽厚，花朵鲜艳，但不娇媚。客厅的绿植贵精不贵多，点到即止为好，不然视觉上会形成杂乱感。

　　植物叶色选择应使之与墙壁及家具色彩相和谐，如绿色或茶色墙壁不要配饰深绿色植物，否则阴气沉沉。各种植物摆放的位置对于客厅装饰所能起到影响很突出，如在地板上装饰的植物要能够表现出植物的立体感，这里摆放的植物以体积稍大为好。如果家中有老人或小孩，最好不选择尖叶植物，因为尖叶植物易划伤人。若是养了宠物，最好选择不开花的观叶植物，因为花粉易造成动物过敏，也会影响人们生活。

设计 / 鹏利

设计 / 在水一方

施工要点

　　背景墙采用软包工艺。在施工中应该注意切割填塞料海绵时避免边缘出现锯齿形，可用较大铲刀及锋利刀沿"海绵"边缘切下，以保整齐。在黏结填塞海绵时，采用中性或其他不含腐蚀成分的胶黏剂以免腐蚀海绵，造成厚度不均或发硬。软包制作好后用黏结剂或直钉将软包固定在墙面上，水平度、垂直度达到规范要求，阴阳角应进行对角。

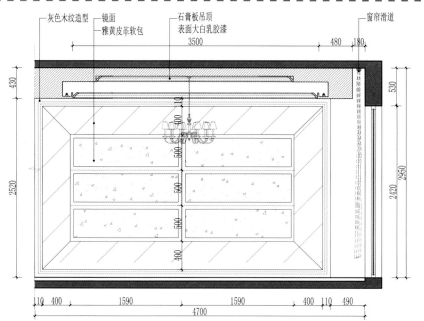

设计/邵权

设计/杨程

设计/金戈

设计 / 袁文书

设计 / 周翔

设计 / 周翔

设计 / 李尚海

设计 / 李尚海

设计 / 蒲刚

设计 / 蒲刚

设计 / 杨文辉

设计 / 大连金世纪装饰

设计 / 厦门创家园设计装饰 林耀明

设计 / 张春开

设计 / 陈伟峰

设计 / 刘昌丁

设计 / 张震

设计 / 陈士达

设计 / 叶智丽

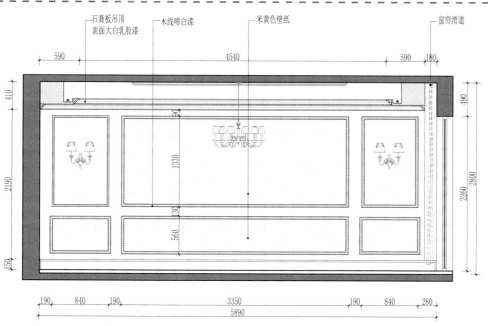

石膏板吊顶
表面大白乳胶漆　　木线喷白漆　　　米黄色壁纸　　　　　窗帘滑道

590　　　　　　　　4540　　　　　　590　180

施工要点

　　石膏板吊顶立面粘贴了欧式石膏线的工艺突出了欧式风格。在施工中应该控制石膏板安装时缝隙顺直，石膏板与石膏板接头处留 5mm 缝，固定石膏板的钉距不得大于 150mm。用原子灰将缝和钉眼，而且钉眼要做防锈处理，接缝处贴绷带。石膏线使用枪钉加固，衔接部分用嵌缝石膏修补。

190　840　190　　　　3350　　　　190　840　280
5890

设计 / 鞠成巍

设计 / 叶智丽

设计 / 李诗海

设计 / 黄德胜

浓情欧式风格灯具挑选小贴士

NONGQING OUSHI FENGGE DENGJU TIAOXUAN XIAOTIESHI

 ## 适合浓情欧式风格客厅的灯具类型有哪几种？

灯具是营造欧式客厅风格不可缺少的元素。欧式风格灯具造型精美、款式多变。蜡烛台吊灯、盾牌壁灯、带帽台灯等是其中最典型的款式。欧式灯具的造型多用线状形式，枝形华丽、典雅流畅。水晶、纯铜、铁艺等材质的选用，使灯具产生了不同的色泽和质感，或流光溢彩尽显雍容华贵，或沉稳内敛气质隽永。

欧式烛台吊灯。欧式烛台吊灯的灵感来自古时人们的烛台照明方式，那时人们都是在悬挂的铁艺上放置数根蜡烛。如今很多吊灯设计成这种款式，只不过将蜡烛改成了灯泡，但灯泡和灯座还是蜡烛和烛台的样子。

水晶吊灯。水晶吊灯玲珑剔透、晶莹光华，是点缀欧式客厅、为其增添特色和华丽感的一种巧妙的方法。而且可以使客厅富丽豪华，还会使你从心底感到舒服、愉快。根据客厅空间大小来说可选择不同类型的吊灯。大型吊灯对客厅的层高与面积有相应的要求，选择时一定要因地制宜。欧式客厅可以选择以一个灯罩为主体的单灯罩型吊灯、也可以选择均匀分布、对称围绕吊杆的单层枝形吊灯，以及多层分布、上小下大的多层枝形吊灯。单层多罩吊灯是从一枝吊线上分出多个支层灯罩，形成多个光源点，然后配以灯罩，增加照度的同时也让这样的吊灯变得妙趣横生，五光十色。

欧式灯具的材质五花八门，几乎所有的材料都可以用来制作灯具。除了传统常见的金银铜铁和玻璃外，水晶、皮革、布艺、纸张以及多种合成材料（如塑料、树脂）等越来越多的材料被应用在欧式灯具的装饰设计领域。各种材料的欧式灯具类型需要配合客厅主要家具、织物等材质感觉，才能形成统一格调的客厅特征。

设计 / 胡强 郝亚筱

施工要点

　　电视背景墙需要对电线进行整体规划，一般在墙面开一个深70mm的槽，长度根据地台或电视机柜高度定.一般从壁挂位置至地台插座位置，插座位置设计需方便使用且便于隐藏。然后埋入60mm的PVC管。安装好电视时，所有电线穿过50mm管,至插座位置。

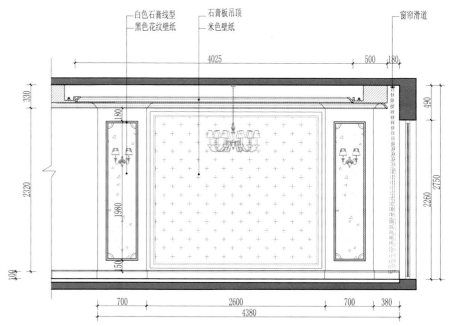

设计/蒲刚

设计/铭筑

设计/铭筑

设计/萧氏设计

设计/叶智丽

设计/黎武

设计/高仲元

设计/蒲刚

设计/厦门创家园设计装饰 林耀明

设计/陈国强

设计/欧阳震华

设计/黄林

设计/袁野

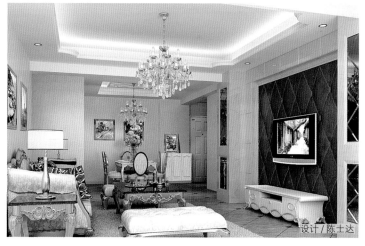

设计/陈士达

设计/黄德胜

设计/恒浩装饰

设计/品川设计

设计/品川设计

设计/章仁杯

设计/周周

设计/骆成伟

设计 / 蒲刚

 ## 浓情欧式风格客厅照明灯具
挑选技巧

　　客厅是主人日常活动的场所，又是会客的场所。在设计中，除去基本照明外，还需要设置局部照明，例如台灯、壁灯、立灯等，除为人们的各种生活照明外，还能以其独特的照明方式丰富客厅的艺术气氛。一般说来，客厅应有一个基本照明和2~3个局部照明。

　　欧式客厅的高低要搭配好灯具。如果你的客厅较高，可以选择灯光向上照射的大型吊灯，而且还应该让灯具与上部保留一定空间，好缩小空间的明暗差距。如果你的客厅较低，你可以选择吸顶式的灯具加上落地灯，这样客厅会显得更加明快大方。灯具不仅仅是照明的工具，还是客厅的装扮者。

　　从材质上看，欧式灯多以树脂和铁艺为主。其中树脂灯造型很多，可有多种花纹，贴上金箔银箔显得颜色亮丽、色泽鲜艳；铁艺等造型相对简单，但更有质感。

　　从色彩上看。灯具的色彩应与家居的环境装修风格相协调。客厅灯光的布置必须考虑到客厅内家具的风格、墙面的色泽、家用电器的色彩。

　　从客厅面积上看。灯具的大小要结合客厅的面积、家具的多少及相应尺寸来配置。如12m²以下的小客厅宜采用直径为400mm以下的吸顶灯或壁灯。在15m²左右的客厅，应采用直径为500mm左右的吸顶灯或多叉花饰吊灯，灯的直径最大不得超过800mm。

设计 / 鞠成巍

设计 / 祝建深

设计/张勇

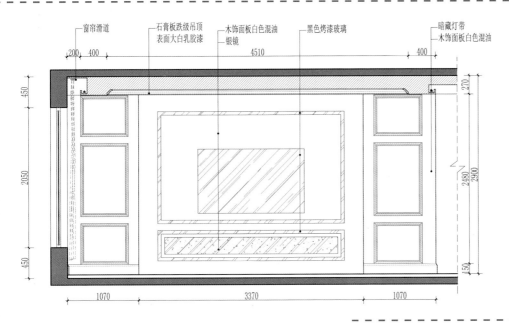

窗帘滑道　石膏板跌级吊顶　木饰面板白色混油　黑色烤漆玻璃　暗藏灯带
　　　　　表面大白乳胶漆　银镜　　　　　　　　　　　　　木饰面板白色混油

施工要点

　　电视背景墙采用了木饰面板、烤漆玻璃和银镜结合的方式。镜子定做需要柜子的边缘留有适量的缝隙，以防止结构变形，将玻璃挤压损坏。电视镶嵌在背景墙里注意四周应留有足够的空间以便安装和日后维修。背景墙应考虑到电源和有线插座的位置。

设计/石家庄尚·品设计工作室

设计/大连金世纪装饰 何群

设计 / 胡峰

设计 / 胡峰

设计 / 代文强

设计 / 罗玉洪

设计 / 华伟工作室

设计 / 王俊二

设计 / 郭天智

设计 / 万显波

设计/康宁

设计/薛世强

设计/刘晓阳

设计/刘晓阳

设计/沙建磊

设计/恒浩装饰

设计/大连金世纪装饰 康慨

设计/大连金世纪装饰 康慨

设计 / 蒲刚

巧用壁灯的装饰作用

在欧式风格的客厅空间里，灯饰设计应选择具有西方风情的造型，比如壁灯，在整体明快、简约、单纯的房屋空间里，传承着西方文化底蕴的壁灯静静泛着影影绰绰的灯光，朦胧、浪漫之感油然而生。客厅可采用反射式灯光照明或局部灯光照明，置身其中，舒适、温馨的感觉袭人，让那为尘嚣所困的心灵找到了归宿。

壁灯是装在墙壁、庭柱上，主要用于局部照明、装饰照明或不适应在顶棚安装灯具或顶棚过高的客厅。壁灯的种类有：筒式壁灯、夜间壁灯、亭式壁灯、灯笼式壁灯、组合式壁灯、投光壁灯、吸壁式荧光灯、壁画式壁灯等。这种灯具通常用于补充式一般照明或重点照明。通常被作为客厅花灯的配角

选壁灯主要看结构、造型，一般机械成型的较便宜，手工的较贵。铁艺锻打壁灯、全铜壁灯、羊皮壁灯等都属于中高档壁灯，其中铁艺锻打壁灯销量最好。

设计 / 张志强

设计 / 杜先帅

施工要点

　　背景墙上通常用筒灯对装饰画进行局部照明。筒灯主要是嵌入式安装于天花板内。安装孔按所要求的尺寸事先开好，然后按电源线接在灯具的接线端子上，注意正负极，当接线完毕确认检查安装无误后，将弹簧卡竖起来，与灯体一起插入安装孔内，用力向上顶起，LED 筒灯就可以自动推进去，接通电源，灯具即可正常工作。

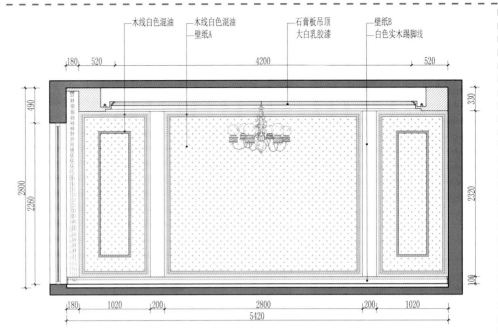

设计/陈建雄

设计/张富强

设计/大连金世纪装饰 康慨

设计 / 陈涛

设计 / 祝建深

设计 / 陈毛豪

设计 / 雷达

设计 / 尚道林

设计 / 郑树芬

设计 / 郑树芬

设计 / 查裕高

设计 / 臧佳

设计 / 赵晓吉

设计 / 薛玲

设计 / 张景霞

设计 / 曲俊名

设计 / 向梅

设计 / 曲俊名

设计 / 周周

设计/蒲刚

选用灯具的注意事项

亮闪闪的钢制材料灯具是大败笔，与欧风客厅不搭配。可以选择一些外形线条柔和或者光线柔和的灯，像铁艺枝灯就是不错的选择，有一点造型还有一点朴拙。

欧式客厅灯具选择首先应该考虑灯光的色调。根据自己客厅的主色调，是偏暖还是偏冷，选择灯光的冷暖。还要考虑灯光的效果，也就是根据客厅的整个空间大小和灯具的功率来确定自己的客厅到底需要多少灯才能让客厅明亮。客厅较暗的角落可以考虑利用落地灯或者壁灯起到点缀效果。考虑灯光、灯饰样式、灯具风格与自己客厅的搭配问题，如果你家灯具与家里装修风格等等毫不沾边，那你灯具会变得格格不入，从而也会影响客厅的整体设计效果。

客厅灯具的选择，首先，外形一定要与客厅大小、样式等协调。其次就是要力求高雅与奢华。如果灯具选择得太为平淡，则会让人觉得寒酸，如果选得太为豪华，那肯定会对来访者造成无形的压力，放不开手脚。合理的灯具装饰设计对客厅起着画龙点睛的作用，并能渲染气氛调动情感，激发人们对美的感悟。适当地使用投射灯灯具奇特的投影角，使景观妙趣横生，变化灯光的投射方向，形成变化莫测的阴影，为客厅营造和谐的氛围。

设计/大连金世纪装饰 王烈

设计/大连金世纪装饰

设计 / 昝红焕

设计 / 景尧

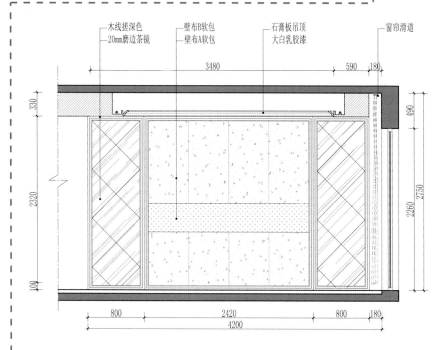

木线搓深色
20mm磨边茶镜
壁布B软包
壁布A软包
石膏板吊顶
大白乳胶漆
窗帘滑道

330　2320　330

3480　590　180

490　2260　2750

800　2420　800　180
4200

施工要点

　　电视背景墙采用了镜面和石膏板结合的方式。镜面为厂家订制产品，应先设计墙面的组合方式，然后根据设计图纸到加工厂按尺寸加工镜面。安装镜面前应先刷乳胶漆再粘贴镜面，以免涂刷过程中弄脏镜面不好清理。

设计 / 铭筑

设计/龙石

设计/闽都

设计/邱波

设计/秋舞

设计/广州域度装饰设计有限公司